研究堆老化管理

国际原子能机构成员国

阿富汗
阿尔巴尼亚
阿尔及利亚
安哥拉
安提瓜和巴布达
阿根廷
亚美尼亚
澳大利亚
奥地利
阿塞拜疆
巴哈马
巴林
孟加拉国
巴巴多斯
白罗斯
比利时
伯利兹
贝宁
多民族玻利维亚国
波斯尼亚和黑塞哥维那
博茨瓦纳
巴西
文莱达鲁萨兰国
保加利亚
布基纳法索
布隆迪
佛得角
柬埔寨
喀麦隆
加拿大
中非共和国
乍得
智利
中国
哥伦比亚
科摩罗
刚果
库克群岛
哥斯达黎加
科特迪瓦
克罗地亚
古巴
塞浦路斯
捷克共和国
刚果民主共和国
丹麦
吉布提
多米尼克
多米尼加共和国
厄瓜多尔
埃及
萨尔瓦多
厄立特里亚
爱沙尼亚
斯威士兰
埃塞俄比亚
斐济
芬兰
法国
加蓬
冈比亚
格鲁吉亚
德国
加纳
希腊
格林纳达
危地马拉
几内亚
圭亚那
海地
教廷
洪都拉斯
匈牙利
冰岛
印度
印度尼西亚
伊朗伊斯兰共和国
伊拉克
爱尔兰
以色列
意大利
牙买加
日本
约旦
哈萨克斯坦
肯尼亚
大韩民国
科威特
吉尔吉斯斯坦
老挝人民民主共和国
拉脱维亚
黎巴嫩
莱索托
利比里亚
利比亚
列支敦士登
立陶宛
卢森堡
马达加斯加
马拉维
马来西亚
马里
马耳他
马绍尔群岛
毛里塔尼亚
毛里求斯
墨西哥
摩纳哥
蒙古
黑山
摩洛哥
莫桑比克
缅甸
纳米比亚
尼泊尔
荷兰王国
新西兰
尼加拉瓜
尼日尔
尼日利亚
北马其顿
挪威
阿曼
巴基斯坦
帕劳
巴拿马
巴布亚新几内亚
巴拉圭
秘鲁
菲律宾
波兰
葡萄牙
卡塔尔
摩尔多瓦共和国
罗马尼亚
俄罗斯联邦
卢旺达
圣基茨和尼维斯
圣卢西亚
圣文森特和格林纳丁斯
萨摩亚
圣马力诺
沙特阿拉伯
塞内加尔
塞尔维亚
塞舌尔
塞拉利昂
新加坡
斯洛伐克
斯洛文尼亚
南非
西班牙
斯里兰卡
苏丹
瑞典
瑞士
阿拉伯叙利亚共和国
塔吉克斯坦
泰国
多哥
汤加
特立尼达和多巴哥
突尼斯
土耳其
土库曼斯坦
乌干达
乌克兰
阿拉伯联合酋长国
大不列颠及北爱尔兰联合王国
坦桑尼亚联合共和国
美利坚合众国
乌拉圭
乌兹别克斯坦
瓦努阿图
委内瑞拉玻利瓦尔共和国
越南
也门
赞比亚
津巴布韦

国际原子能机构的《规约》于1956年10月23日经在纽约联合国总部举行的原子能机构《规约》会议核准， 并于1957年7月29日生效。原子能机构总部设在维也纳，其主要目标是“加速和扩大原子能对全世界和平、 健康及繁荣的贡献”。

国际原子能机构《安全标准丛书》第 SSG-10（Rev.1）号

研究堆老化管理

特定安全导则

国 际 原 子 能 机 构
2024 年·维也纳

Publishing Section
International Atomic Energy Agency
Vienna International Centre
PO Box 100
1400 Vienna, Austria
电话：+43 1 2600 22529 或 22530
电子信箱：sales.publications@iaea.org
网址：https://www.iaea.org/zh/chu-ban-wu

国际原子能机构印刷
2024 年 9 月 · 奥地利

研究堆老化管理

国际原子能机构，奥地利，2024 年 9 月
STI/PUB/2050
ISBN 978-92-0-510624-3（简装书：碱性纸）
978-92-0-510424-9（pdf 格式）
EPUB 978-92-0-510524-6
ISSN 1020-5853

前　言

拉斐尔·马里亚诺·格罗西总干事

国际原子能机构（原子能机构）《规约》授权原子能机构“制定……旨在保护健康及尽量减少对生命与财产的危险的安全标准”。这些是原子能机构必须适用于其自身业务而且各国可以通过其国家法规来适用的标准。

原子能机构于 1958 年开始实施其安全标准计划，此后有了许多发展。作为总干事，我致力于确保原子能机构维护和改进这套具有综合性、全面性和一致性的、与时俱进的、用户友好的和适合目的的高质量安全标准。在利用核科学和技术的过程中正确地适用这些标准将为全世界的人和环境提供高水平的保护，并为持续利用核技术造福于所有人提供必要的信心。

安全是得到许多国际公约支持的一项国家责任。原子能机构的安全标准奠定了这些法律文书的基础，而且是有助于各方履行各自义务的全球基准。虽然安全标准对成员国没有法律约束力，但它们被广泛适用。对已在国家法规中采用这些标准以加强核能发电、研究堆和燃料循环设施中以及医学、工业、农业和研究领域核应用中的安全的绝大多数成员国而言，它们已成为不可或缺的基准点和共同标准。

原子能机构的安全标准以原子能机构成员国的实际经验为基础，并通过国际协商一致产生。各安全标准分委员会、核安保导则委员会和安全标准委员会成员的参与尤其重要，我向所有为这项工作贡献自己的知识和专长的人表示感谢。

原子能机构在通过评审工作组访问和咨询服务向成员国提供援助时，也使用这些安全标准。这有助于成员国适用这些标准，并使得能够共享宝贵经验和真知灼见。在安全标准的定期修订过程中，会考虑到这些工作组访问和服务的反馈，以及从使用和适用安全标准的事件和经历中汲取的教训。

我相信，原子能机构安全标准及其适用将为确保在使用核技术时实现高水平安全作出宝贵的贡献。我鼓励所有成员国宣传和适用这些安全标准，并与原子能机构合作，在现在和将来维护其质量。

国际原子能机构安全标准

背景

放射性是一种自然现象，因而天然辐射源的存在是环境的特征。辐射和放射性物质具有许多有益的用途，从发电到医学、工业和农业应用不一而足。必须就这些应用可能对工作人员、公众和环境造成的辐射危险进行评定，并在必要时加以控制。

因此，辐射的医学应用、核装置的运行、放射性物质的生产、运输和使用以及放射性废物的管理等活动都必须服从安全标准的约束。

对安全实施监管是国家的一项责任。然而，辐射危险有可能超越国界，因此，国际合作的目的就是通过交流经验和提高控制危险、预防事故、应对紧急情况和减缓任何有害后果的能力来促进和加强全球安全。

各国负有勤勉管理义务和谨慎行事责任，而且理应履行其各自的国家和国际承诺与义务。

国际安全标准为各国履行一般国际法原则规定的义务例如与环境保护有关的义务提供支持。国际安全标准还促进和确保对安全建立信心，并为国际商业与贸易提供便利。

全球核安全制度已经建立，并且正在不断地加以改进。对实施有约束力的国际文书和国家安全基础结构提供支撑的原子能机构安全标准是这一全球性制度的一座基石。原子能机构安全标准是缔约国根据这些国际公约评价各缔约国遵约情况的一个有用工具。

原子能机构安全标准

原子能机构安全标准的地位源于原子能机构《规约》，其中授权原子能机构与联合国主管机关及有关专门机构协商并在适当领域与之合作，以制定或采取旨在保护健康及尽量减少对生命与财产之危险的安全标准，并对其适用作出规定。

为了确保保护人类和环境免受电离辐射的有害影响，原子能机构安全标准制定了基本安全原则、安全要求和安全措施，以控制对人类的辐射照射和放射性物质向环境的释放，限制可能导致核反应堆堆芯、核链式反应、辐射源或任何其他辐射源失控的事件发生的可能性，并在发生这类事件时减轻其后果。这些标准适用于引起辐射危险的设施和活动，其中包括核装置、辐射和辐射源利用、放射性物质运输和放射性废物管理。

安全措施和安保措施[1]具有保护生命和健康以及保护环境的共同目的。安全措施和安保措施的制订和执行必须统筹兼顾，以便安保措施不损害安全，以及安全措施不损害安保。

原子能机构安全标准反映了有关保护人类和环境免受电离辐射有害影响的高水平安全在构成要素方面的国际共识。这些安全标准以原子能机构《安全标准丛书》的形式印发，该丛书分以下三类（见图 1）。

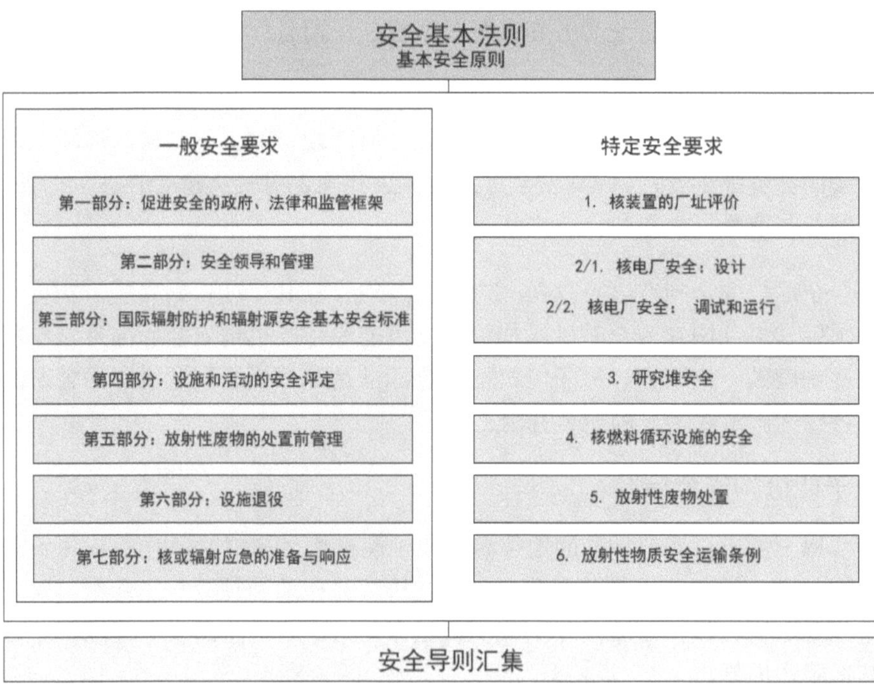

图 1. 国际原子能机构《安全标准丛书》的长期结构。

---

[1] 另见以原子能机构《核安保丛书》印发的出版物。

安全基本法则

“安全基本法则”阐述防护和安全的基本安全目标和原则，以及为安全要求提供依据。

安全要求

一套统筹兼顾和协调一致的“安全要求”确定为确保现在和将来保护人类与环境所必须满足的各项要求。这些要求遵循“安全基本法则”提出的目标和原则。如果不能满足这些要求，则必须采取措施以达到或恢复所要求的安全水平。这些要求的格式和类型便于其用于以协调一致的方式制定国家监管框架。这些要求包括带编号的“总体”要求用“必须”来表述。许多要求并不针对某一特定方，暗示的是相关各方负责履行这些要求。

安全导则

“安全导则”就如何遵守安全要求提出建议和指导性意见，并表明需要采取建议的措施（或等效的可替代措施）的国际共识。“安全导则”介绍国际良好实践并且不断反映最佳实践，以帮助用户努力实现高水平安全。“安全导则”的建议用“应当”来表述。

原子能机构安全标准的适用

原子能机构成员国中安全标准的使用者是监管机构和其他相关国家当局。共同发起组织及设计、建造和运行核设施的许多组织以及涉及利用辐射源和放射源的组织也使用原子能机构安全标准。

原子能机构安全标准在相关情况下适用于为和平目的利用的一切现有和新的设施和活动的整个寿期，并适用于为减轻现有辐射危险而采取的防护行动。各国可以将这些安全标准作为制订有关设施和活动的国家法规的参考。

原子能机构《规约》规定这些安全标准在原子能机构实施本身的工作方面对其有约束力，并且在实施由原子能机构援助的工作方面对国家也具有约束力。

原子能机构安全标准还是原子能机构安全评审服务的依据，原子能机构利用这些标准支持开展能力建设，包括编写教程和开设培训班。

国际公约中载有与原子能机构安全标准中所载相类似的要求，从而使其对缔约国有约束力。由国际公约、行业标准和详细的国家要求作为补充的原子能机构安全标准为保护人类和环境奠定了一致的基础。还会出现一些需要在国家一级加以评定的特殊安全问题。例如，有许多原子能机构安全标准特别是那些涉及规划或设计中的安全问题的标准意在主要适用于新设施和新活动。原子能机构安全标准中所规定的要求在一些按照早期标准建造的现有设施中可能没有得到充分满足。对这类设施如何适用安全标准应由各国自己作出决定。

原子能机构安全标准所依据的科学考虑因素为有关安全的决策提供了客观依据，但决策者还须做出明智的判断，并确定如何才能最好地权衡一项行动或活动所带来的好处与其所产生的相关辐射危险和任何其他不利影响。

原子能机构安全标准的制定过程

编写和审查安全标准的工作涉及原子能机构秘书处及分别负责应急准备和响应（应急准备和响应标准委员会）、核安全（核安全标准委员会）、辐射安全（辐射安全标准委员会）、放射性废物安全（废物安全标准委员会）和放射性物质安全运输（运输安全标准委员会）的五个安全标准分委员会以及一个负责监督原子能机构安全标准计划的安全标准委员会（安全标准委员会）（见图 2）。

原子能机构所有成员国均可指定专家参加安全标准分委员会的工作，并可就标准草案提出意见。安全标准委员会的成员由总干事任命，并包括负责制订国家标准的政府高级官员。

已经为原子能机构安全标准的规划、制订、审查、修订和最终确立过程确定了一套管理系统。该系统阐明了原子能机构的任务；今后适用安全标准、政策和战略的思路以及相应的职责。

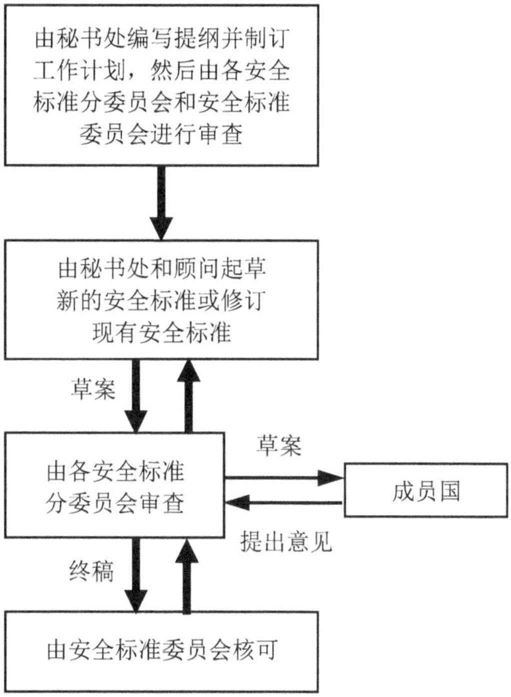

图 2. 制订新安全标准或修订现行标准的过程。

与其他国际组织的合作关系

在制定原子能机构安全标准的过程中考虑了联合国原子辐射效应科学委员会的结论和国际专家机构特别是国际放射防护委员会的建议。一些标准的制定是在联合国系统的其他机构或其他专门机构的合作下进行的，这些机构包括联合国粮食及农业组织、联合国环境规划署、国际劳工组织、经合组织核能机构、泛美卫生组织和世界卫生组织。

文本的解释

安全和核安保相关术语应理解为《国际原子能机构核安全和核安保术语》（见 https://www.iaea.org/resources/publications/iaea-nuclear-safety-and-security-glossary）中的术语。就“安全导则”而言，英文文本系权威性文本。

原子能机构《安全标准丛书》中每一标准的背景和范畴及其目的、范围和结构均在每一出版物第一章“导言”中加以说明。

在正文中没有适当位置的资料（例如对正文起辅助作用或独立于正文的资料；为支持正文中的陈述而列入的资料；或叙述计算方法、程序或限值和条件的资料）以附录或附件的形式列出。

如列有附录，该附录被视为安全标准的一个不可分割的组成部分。附录中所列资料具有与正文相同的地位，而且原子能机构承认其作者身份。正文中如列有附件和脚注，这些附件和脚注则被用来提供实例或补充资料或解释。附件和脚注不是正文不可分割的组成部分。原子能机构发表的附件资料并不一定以作者身份印发；列于其他作者名下的资料可以安全标准附件的形式列出。必要时将摘录和改编附件中所列外来资料，以使其更具通用性。

目 录

1. 导言

背景

1.1. 原子能机构《安全标准丛书》第 SSR-3 号《研究堆的安全》[1]确立了研究堆的安全要求，特别强调其设计和运行。

1.2. 本“安全导则”为研究堆老化管理提供了建议。

1.3. 本“安全导则”是与其他七份关于研究堆安全的“安全导则”同时编写的，特定如下：

(a) 原子能机构《安全标准丛书》第 SSG-80 号《研究堆的调试》[2]；
(b) 原子能机构《安全标准丛书》第 SSG-81 号《研究堆的维护、定期试验和视察》[3]；
(c) 原子能机构《安全标准丛书》第 SSG-82 号《研究堆堆芯管理和燃料装卸》[4]；
(d) 原子能机构《安全标准丛书》第 SSG-83 号《研究堆的运行限值和条件及运行程序》[5]；
(e) 原子能机构《安全标准丛书》第 SSG-84 号《研究堆营运组织和人员招聘、培训与资格》[6]；
(f) 原子能机构《安全标准丛书》第 SSG-85 号《研究堆设计和运行中的辐射防护和放射性废物管理》[7]；
(g) 原子能机构《安全标准丛书》第 SSG-37（Rev.1）号《研究堆安全重要仪器仪表和控制系统及软件》[8]。

1.4. 原子能机构《安全标准丛书》第 SSG-20（Rev.1）号《研究堆安全评定和安全分析报告的编写》[9]和第 SSG-24（Rev.1）号《研究堆的利用和改造安全》[10]提供了关于研究堆安全的其他建议。

1.5. 本“安全导则”使用的术语应当理解为原子能机构《核安全和安保术语》[11]定义和解释。

1.6. 本“安全导则”替代原子能机构《安全标准丛书》第 SSG-10 号《研究堆老化管理》[1]。

目标

1.7. 本“安全导则”旨在是为研究堆老化管理提供建议，以满足 SSR-3[1] 相关要求，特别是要求 37 和 86。

1.8. 本“安全导则”提供的建议针对研究堆的营运组织、监管机构和参与研究堆项目的其他组织。

范围

1.9. 本“安全导则”主要适用于额定功率高达几十兆瓦的异质热谱研究堆。对于功率较高的研究堆、专用反应堆（如快谱反应堆）和具有专用设施（如热中子源或冷中子源、高压和高温回路）的反应堆，可能需要额外的指导。对于这种研究堆，原子能机构《安全标准丛书》第 SSG-48 号《核电厂的老化管理和长期运行计划的制定》[12]提供的建议可能更合适。均相反应堆和加速器驱动系统不在本出版物的范围内。

1.10. 一些具有低潜在危害的研究堆、临界组件和次临界组件可能需要一个不用太全面的老化管理计划。虽然应当考虑本“安全导则”的所有建议，但有些建议可能不适用于此类研究堆、临界组件和次临界组件（见 SSR-3[1] 要求 12 和第 2.15－2.17 段，以及原子能机构《安全标准丛书》第 SSG-22（Rev.1）号《分级方法在适用研究堆安全要求中的使用》[13]）。

1.11. 在“安全导则”，只有当特定建议与次临界组件无关或仅适用于次临界组件时，才会单独提及次临界组件。

1.12. 老化管理被定义为在可接受的范围内控制结构、系统和部件（SSCs）老化退化的工程、运行和维护行动。老化管理包括结构、系统和部件的维护、翻新和更换等活动，这类似于研究堆的维护和试验活动，或在改造项目发生时进行的其他活动。然而，对老化的有效管理还涉及 (a) 利用一种方法来

---

[1] 国际原子能机构《研究堆老化管理》，国际原子能机构《安全标准丛书》第 SSG-10 号，国际原子能机构，维也纳（2010 年）。

发现和评定服务条件造成的老化影响；(b) 采取预防和缓解老化影响的对策。

1.13. 本“安全导则”涵盖与建立、实施及持续改善老化管理计划相关的所有方面。除了考虑安全重要结构、系统和部件的实物老化之外，本“安全导则”还就管理安全重要结构、系统和部件的技术陈旧（非实物老化）的安全方面提供了建议。

1.14. 虽然知识管理和人员继任管理都是与研究堆安全相关的重要问题，但它们超出了本“安全导则”的范围。SSG-84[6]提供了与研究堆人员相关的建议。

结构

1.15. 第 2 部分提供了关于研究堆管理系统的建议，因为它与老化管理相关；第 3 部分介绍了本“安全导则”利用术语的基本概念和解释，并概述了老化效应及其与研究堆安全的关系；第 4 部分就研究堆寿命不同阶段的老化问题提出了积极考虑的建议；第 5 部分就老化管理系统计划的要素以及相关行动和活动的执行情况提出了建议；第 6 部分提供了关于研究堆陈旧管理的建议；第 7 部分就老化管理与维护、定期试验和视察等其他计划和技术领域的协调提出建议，定期安全评审、设备鉴定、设计基准重构、配置管理并持续安全运行。

1.16. 附件 I 介绍了退化机制及其对不同类别服务条件的影响；附件 II 提供了一个典型的结构、系统和部件筛选方法的示例，用于开放式水池、轻水和重水慢化研究堆老化管理。

2. 管理系统在研究堆老化管理中的应用

2.1. 需要为研究堆项目开发一个总体安全、健康、环境、安保、质量、人和组织因素、社会和经济因素的管理系统（见 SSR-3[1]要求 4）。管理系统的文件应当描述控制研究堆整个寿命期间所有活动计划和实施的系统，包括老化管理活动。可能需要监管机构批准管理系统（或其部分）（见 SSR-3[1]第 4.12 段）。

2.2. 根据 SSR-3[1]第 4.13－4.20 段，管理系统应当涵盖以下 4 个职能类别：

(a) 管理责任：包括提供实现本组织目标所需的手段和管理支助（见本“安全导则”第 2.10 段和第 2.11 段）；
(b) 资源管理：包括确保识别和提供对执行策略和实现本组织目标至关重要的资源所需的措施（见本“安全导则”第 2.12－2.13 段）；
(c) 过程实施：包括实现组织目标所需的行动和任务（见本“安全导则”第 2.14－2.21 段）；
(d) 管理系统的测量、评定和改进：包括为评定管理流程和工作绩效的有效性而开展的活动（见本“安全导则”第 2.22－2.25 段）。

原子能机构《安全标准丛书》第 GSR Part 2 号《安全的领导和管理》[14]规定了管理系统的一般要求。原子能机构《安全标准丛书》第 GS-G-3.5 号《核装置管理系统》[15]提供了特定建议，参考文献[16]提供了实用导则。

2.3. 作为管理系统的一部分，营运组织应当制定和实施老化管理计划。对于一个新的研究堆项目，老化管理计划应当在设计阶段早期建立。该系统应当涵盖安全重要所有物项、服务和程序，并应当包括一种控制老化管理活动的手段，从而使人们相信这些活动是按照 SSR-3[1]第 4.16 所要求的既定守则、标准、规范、程序和行政控制进行的。

2.4. 在确定管理系统如何处理研究堆老化管理时，需要根据每个物项或加工安全的相对重要性采用分级方法（见 SSR-3[1]第 4.7 段）。

2.5. 应用于老化管理的管理系统目标应当是确保设施符合下列安全要求：

(a) 监管要求；
(b) 设计要求和假设；
(c) 安全分析报告（见 SSR-3[1]要求 1）；
(d) 研究堆的运行限值和条件（见 SSR-3[1]要求 71）；
(e) 定期安全评审；
(f) 与研究堆管理相关的行政要求。

2.6. 管理系统需要支持强大的安全文化的发展、实施、培养和加强（见 GSR Part 2[14]第 1.5 (b) 段和第 4.9 段）。这种安全文化应当用于老化管理计划的所有方面。

2.7.　在实施管理系统时，营运组织应当确保老化管理计划包括以下内容：

(a)　计划和优先安排工作；

(b)　满足监管要求、规范和标准；

(c)　确保符合运行限值和条件以及安全分析报告；

(d)　确保有足够的具备适当技能的合格人员；

(e)　确保备件、专用工具和设备的供应；

(f)　及时跟踪视察和试验结果；

(g)　按照相关标准建立适当的运行程序，包括评定和纠正不符合项的程序；

(h)　确定、传播和利用设计人员、制造商、承包商、供应商和其他营运组织提供的关于良好实践的信息；

(i)　执行并充分记录必要的视察和试验；

(j)　对结构、系统和部件的显著退化进行根本原因分析，并吸取经验教训。

2.8.　管理系统应当包括对老化管理计划和相关运行程序的说明。运行程序应当涉及研究堆管理系统中规定的所有适用的老化管理活动。

2.9.　管理系统必须包括规定，以确保有效沟通和明确责任分配的方式计划、执行和控制老化管理活动（见 SSR-3[1]第 4.14 段）。

研究堆老化管理管理责任

2.10.　反应堆管理[2]应当确保管理系统提供一个框架，用于管理、执行和评定预防、检测、监控、评定和缓解老化影响所需的活动。管理系统的文件应当包括对组织机构的描述（见 SSR-3[1]要求 68）以及管理、执行和评定老化管理活动充分性的人员职能职责、授权级别和互动。文件还应当包括其他管理措施，包括计划、时间安排、资源分配和人因。

2.11.　反应堆管理层应当确保按照管理系统文件中包含的批准程序计划和执行老化管理活动，并记录其结果。

[2] 反应堆管理人员包括负责指导研究堆运行负责和授权的营运组织成员。

研究堆老化管理资源管理

2.12. SSR-3[1]第 4.15 (c) 段指出："管理系统必须确保：……确定、提供、检查、核实和维护以安全方式开展工作所需的设备、工具、材料、硬件和软件。"

2.13. 根据 SSR-3[1]第 4.15 要求营运组织提供足够的资源（包括人力资源和财务资源）来执行老化管理计划。营运组织的管理层，特别是反应堆管理人员[3]，应当通过采取以下措施参与老化管理计划：

(a) 根据 SSR-3[1]要求 70 确定必要的员工能力并安排培训；
(b) 制定和发布规范和程序，以确保为老化管理计划提供适当的资源；
(c) 经常与员工进行个人接触，包括观察正在进行的老化管理活动；
(d) 监督执行老化管理活动的外部人员（包括供应商），并确保这些人员根据 SSR-3[1]第 4.15 (b) 段得到充分培训和资格；
(e) 支持和参与对结构、系统和部件老化的评定。

研究堆老化管理过程实施

2.14. 营运组织应当指定一名人员负责实施老化管理计划。此人通常是反应堆经理或代表反应堆经理行为的运行人员。

2.15. 管理系统应当包括一个流程，以确保记录安全重要任何结构、系统和部件的重大变化或故障，并分析数据和识别趋势，以确定这些变化或故障的原因。在确定了故障原因的情况下，应当利用这些信息改进老化管理计划。

2.16. 应当规定与老化管理计划相关的试验和利用中检查的范围和频率，并应当符合运行限值和条件以及监管要求。管理系统应当确保记录和列报试验结果的过程能够方便地与以前的视察和试验结果进行比较，以便于发现任何变化和偏离参考值（基准数据）的情况。

2.17. 管理系统应当包括一个流程，以确保监控和测量方法是有效的，并旨在提供结构、系统和部件符合设计要求的证据和服务性能令人满意的证据。

---

[3] 反应堆经理是反应堆管理部门的成员，其直接负责和授权反应堆安全运行，由营运组织分配，其主要职责是履行这一职责。

2.18. 管理系统应当包括一个流程，以确保用于监控、数据收集、视察和试验的设备得到校准，并保存记录以证明这种校准是最新的。

2.19. 管理系统应当包括一个流程，以确保与老化管理计划相关的视察和试验由合格人员按照 SSR-3[1]要求 70，利用按照 SSR-3[1]要求 74 制定的程序进行。

2.20. 管理系统应当包括确保按照适当程序的规定完成老化管理活动的措施。这些措施应当包括以下内容：

(a) 程序评审；
(b) 通过视察、见证和监视进行核实；
(c) 检查不符合项并实施纠正措施；
(d) 跟踪纠正措施的充分性和及时性。

2.21. 管理系统应当包括一个流程，以确保根据 GSR Part 2 [14]要求 8 和 SSR-3[1]要求 82 控制与老化管理活动绩效相关的记录。这一程序应当规定识别、批准、评审、归档、检索和处置记录，并核实这些记录中所载的结果。

研究堆老化管理系统的测量、评定与改进

2.22. SSR-3[1]第 4.20 段指出：

> “必须通过独立评定和自评定定期测量和评定管理系统的有效性。过程中的弱点必须被识别和纠正。营运组织必须评价这种评定的结果，并必须确定和采取必要的行动以持续改进。”

2.23. 应当对老化管理计划进行独立评定。这项任务可由安全委员会（见 SSR-3[1]要求 6）或独立于研究堆生产线管理的另一主管当局执行（另见本“安全导则”第 4.4 段）

2.24. 应当进行监查以确定实施老化管理计划的所有方面是否充分和有效，以及是否符合管理系统。

2.25. 应当制定老化管理计划有效性的绩效指标。应当定期评定老化管理计划的有效性，同时考虑到目前的知识和计划执行工作的反馈以及绩效指标，并应当酌情更新和调整该计划。

3. 研究堆的安全老化的影响

研究堆老化过程

3.1. 老化被定义为结构、系统和部件的特征随着时间或利用而逐渐变化的一般过程[11]。研究堆经历以下两种类型的时间相关变化：

(a) 结构、系统和部件的退化（实物老化）；也就是他们实物特征的逐渐退化；

(b) 结构、系统和部件的陈旧（非实物老化），也就是说，与当前的知识、法规、规范和标准以及技术相比，它们已经陈旧。

3.2. 实物老化最终会导致处于正常工作工况下的结构、系统和部件退化。这些工况包括结构、系统和部件预计运行的正常环境条件和结构、系统和部件预计继续正常运行的预计运行事件。老化对应当对事故工况（即设计基准事故和设计扩展工况）的结构、系统和部件的老化影响也需要在老化管理计划中进行评定和考虑。

3.3. 实物老化（材料退化）可能导致结构、系统和部件在其验收标准范围内发挥作用的能力降低或丧失（见第 5.25 段）。除非采取预防措施并及时采取适当的纠正措施，否则设施的安全和利用可能会受到影响。

3.4. 实物老化会降低结构、系统和部件设计中的安全裕度。营运组织应当确保在功能能力丧失之前检测到这些裕度的减少，并采取纠正措施。

3.5. 在研究堆的利用寿命期间，技术将取得进步，从而引入新的部件或技术。这也可能导致难以获得备件。新部件的引入也可能导致故障模式的变化（例如，现代仪器仪表包含的微处理器具有与旧部件不同的故障模式）。监管要求、规范和标准也可能发生变化，这可能需要硬件或软件的变化，并可能干扰研究堆的运行。老化管理计划应当考虑到所有这些潜在问题。

3.6. 运行人员应当具备研究堆结构、系统和部件运行及其相关文件的最新知识，因此，应当为这些人员提供持续培训。SSG-84[6]提供了关于研究堆人员培训计划和资格的建议。

3.7. 实物老化和陈旧对研究堆安全累积影响的评定是一个持续的过程，这些影响应在定期安全评审或同等的系统安全再评定计划（如同行评审）中以适当的时间间隔进行评定（见 SSR-3[1]要求 86 和本“安全导则”第 7.6 段和第 7.7 段）。

3.8. 研究堆老化管理计划需要与研究堆的其他计划协调，包括维护、定期试验和视察计划[4]（见 SSR-3[1]第 7.120 段）。老化管理计划应当考虑到良好的运行实践、研究和开发（例如材料性质、辐射效应和化学），并应当纳入从运行经验中吸取的教训。

3.9. 需要老化管理计划来确保结构、系统和部件的安全功能得以实现（参见 SSR-3[1]要求 86）。这包括以下内容：

(a) 对于所有运行状态和设计基准事故，关闭反应堆并将其保持在安全停堆状态。例如，这包括确保辅助控制室的可用性；
(b) 提供关闭后的充分散热，特别是从堆芯中排热，包括在设计基准事故期间和之后，以及在可行范围内的设计扩展工况；
(c) 限制放射性物质以防止或减少其计划外排放到环境中。

3.10. 老化管理计划应当载有关于过时或陈旧的安全文件（如安全分析报告、运行限值和条件、运行程序、应急计划）的规定。营运组织应当确保定期更新这些文件以反映研究堆的实际状况，并考虑到运行经验的反馈。当引入现有实验设备[5]的改造或安装新的实验设备时，应当进行此类更新。

研究堆老化与纵深防御

3.11. 本“安全导则”涵盖的活动与纵深防御概念的应用直接相关，这反过来又实施了原子能机构《安全标准丛书》第 SF-1 号《基本安全原则》[17]原则 8，该原则规定：**“须要尽一切实际努力防止和缓解核事故或辐射事故。”** SSR-3[1]第 2.10－2.14 段描述了纵深防御概念在研究堆中的应用。SSR-3[1]要求 10 规定：**“研究堆的设计必须应用纵深防御的概念，纵深防御级别必须尽可能独立。”**

---

[4] SSG-81[3]提供了关于研究堆维护、定期试验和视察计划的建议。

[5] 实验设备是指安装在反应堆内或反应堆周围，利用反应堆的中子通量和电离辐射进行研究、开发、同位素生产或其他目的的设备。

3.12. 结构、系统和部件的实物老化可能会增加共因故障的可能性（即实物屏障和冗余部件同时退化），这可能导致一个或多个纵深防御等级受损。因此，在筛选用于老化管理的结构、系统和部件时（见第 5.4－5.8 段），不应当考虑部件冗余或多样性，因为老化效应应当被视为一种共因故障机制，而多样性可能无法针对共同退化机制造成的所有潜在故障提供保护。

3.13. 应用纵深防御概念的一个重要方面是实施多重实体或功能屏障。老化过程可能会通过一个或多个屏障的失效（例如，由于燃料元件包壳材料的腐蚀、反应堆水池衬里的腐蚀或一回路冷却剂管道的腐蚀）而影响纵深防御。一项有效的老化管理计划应当通过以下措施来维持纵深防御：

(a) 主要通过利用高质量和高可靠性的设计、技术和材料，纳入提供安全裕度的良好设计特点和健全的工程实践；
(b) 符合运行限值和条件；
(c) 根据批准的运行程序和良好实践执行相关任务和活动。

研究堆服务条件和老化

3.14. 服务条件是通过影响材料特性或功能能力的化学和物理过程导致结构、系统和部件老化的主要因素。营运组织在制定研究堆老化管理计划时应当考虑到这一点。服务条件包括以下各项：

(a) 应力和/或应变；
(b) 温度；
(c) 压力；
(d) 化学系统；
(e) 环境因素，如辐射、高湿度或化学活化液体和气体的存在和利用；
(f) 服务磨损，包括部件各个零件的尺寸和相对位置的变化。

3.15. 对于具有低潜在危害和高达几十千瓦的额定功率的研究堆，以及具有低潜在危害的次临界组件和临界组件，许多服务条件（例如热脆化、蠕变、疲劳（见第 3.18 段））并不严重。在这种情况下，本“安全导则”的建议应当采用分级方法。

3.16. 服务条件的限值（例如燃料包壳的最高温度，冷却管线和过滤器两端的压力，主冷却泵的振动水平，水冷却剂中未溶解固体的含量，水冷却剂化学参数如电导率和 pH 值）应当包括在作为研究堆运行限值和条件一部分的安全运行限值和条件中。SSG-83[5]附录 I 提供了关于在建立研究堆安全运行限值和条件时应当考虑因素的进一步建议。

3.17. 老化管理计划应当考虑以下三类主要服务条件：

(a) 与正常运行相关的服务条件；
(b) 与预计运行事件相关的服务条件；
(c) 假想事故工况下的运行工况，包括结构、系统和部件非运行期间的工况，例如反应堆关闭时。

3.18. 服务条件通过例如以下一种或多种退化机制导致材料退化：

(a) 物理特性的变化（如膨胀，化学分解，材料强度、延展性或电阻率的变化）；
(b) 辐照和热脆化；
(c) 蠕变；
(d) 疲劳，包括热疲劳；
(e) 腐蚀，包括电偶腐蚀、腐蚀侵蚀和腐蚀促成开裂；
(f) 磨损（如微动）和磨损促成开裂（如微动疲劳）。

3.19. 相关服务条件类别和相关退化机制的更多信息见第 3 部分参考文献[18]。本“安全导则”附件 I 描述了老化对不同服务条件类别的影响。

4. 研究堆寿命的不同阶段的老化管理考虑

4.1. 安全重要结构、系统和部件老化管理应当在研究堆的整个寿命期间积极实施（即具有远见和预期），即设计、制造和建造、调试、运行（包括使用和改造）和退役。需要特别考虑长期关闭期间的老化管理（见 SSR-3[1]第 7.123 段）。

4.2. 营运组织应当能够证明满足了老化管理的监管要求，并在反应堆整个寿命期间的安全分析报告和支持文件中明确确定和记录了与研究堆老化相关的问题。安全分析报告应当包括（或应当参考包含）以下信息的文件：确认安全重要所有结构、系统和部件材料都经过选择，能够承受其所经受的服务条件，其预期安全功能的性能不会出现不可接受的退化。安全分析报告还应当描述在役检查计划，包括要视察的结构、系统和部件的信息，以及检查频率和验收标准。附录中 SSG-20（Rev.1）[9]提供了关于研究堆安全分析报告编写和内容的进一步建议。

4.3. 营运组织在评定设计人员、制造商和供应商提出的老化管理措施时，应当利用包括核电厂在内的其他反应堆相关运行经验的反馈。

4.4. 安全委员会或其他主管当局应当对老化管理计划进行独立评审，并随后在研究堆寿命的各个阶段对该计划进行任何修改。根据监管要求，对老化管理计划的任何拟议改造都应当提交监管机构进行评审和评定。SSG-24（Rev.1）[10]第 3.7－3.12 段提供了关于研究堆改造分类的进一步建议。

研究堆的设计中老化管理考虑

4.5. SSR-3[1]要求 37 规定：

> **“对研究堆设施安全重要物项的设计寿命必须予以确定。必须在设计中提供适当的裕度，以适当考虑老化的相关机制，如中子脆化和磨损，以及与老化相关退化的可能性，以确保安全重要物项在整个设计寿命期间的需求情况下，能够在运行状态和事故工况下履行其必要的安全功能。必须考虑所利用技术的生命周期和技术可能陈旧的情况。”**

4.6. SSR-3[1]第 6.112 段指出：

> “研究堆的设计必须适当考虑到实物老化、磨损和陈旧的影响，包括在假想始发事件期间和之后的试验、维护和运行状态。”

4.7. SSR-3[1]第 6.113 段指出：

> “必须制定一项老化管理计划，包括对材料进行视察和定期试验，该计划取得的结果必须用于在适当的时间间隔内评审设计的充分性。”

4.8. SSR-3[1]第 6.114 段指出：

“设计必须包括为检测、评定、预防和缓解老化影响而进行必要的监控、试验、取样和视察的规定。研究堆设施的老化管理必须包括陈旧结构、系统和部件的管理以及备件的管理。”

4.9. 在研究堆的设计和任何改造中，包括安装新的实验设备或改变现有设备，应当考虑到营运组织在老化管理和反应堆利用方面的需要。SSG-24（Rev.1）[10]提供了进一步的建议。

4.10. 研究堆或实验设备的设计和任何改造应当促进旨在检测结构、系统和部件退化机制及其老化影响的视察和试验，同时确保视察人员的辐射照射尽可能低。应当特别考虑难以视察或维护的结构、系统和部件。SSG-81[3]第 4.17 段和第 4.18 段提供了关于可视察性设计的进一步建议。

4.11. 营运组织应当记录老化管理计划，从而能够证明老化管理已在研究堆整个寿命的设计中得到充分处理。

4.12. 在结构、系统和部件的采购中，营运组织应当包括便于老化管理的规范，包括从供应商处收到的文件中应当包括的信息（另见 SSR-3[1]第 7.7 段）。

反应堆设计考虑

4.13. 要求在设备鉴定活动中考虑老化影响，并考虑设计基准中确定的所有环境条件，包括预计运行事件和设计基准事故（见 SSR-3[1]第 6.82－6.84 段）。

4.14. 应当识别、评定和考虑非能动和能动结构、系统和部件的所有潜在退化机制，这些机制可能会影响结构、系统和部件在其设计寿命期间执行必要安全功能的能力。在此过程中，应当确定结构、系统和部件安全的重要性，并考虑特定服务条件、预计运行模式、预计利用寿命和更换容易程度。

4.15. 在设计研究堆时，应当评审和考虑核设施（包括其他研究堆和核电厂）和其他工业设施老化管理的相关经验以及研究成果。还应当考虑到同时发挥作用的几种退化机制的综合影响。

4.16. 在研究堆的设计中，应当考虑利用抗老化能力更强的先进材料（例如，具有高耐腐蚀性、高强度或耐中子和热脆的材料）。还应当考虑同时作用的几种退化机制的综合影响，以及相容材料的利用，特别是用于焊接的材料。

4.17. 在研究堆的设计中，应当考虑到监控老化效应所需的维护活动和材料试验计划，包括监控样本。

4.18. 老化管理应当包括在一般设计标准中，并应当解决以下问题：

(a) 不同类型的安全重要结构、系统和部件（如混凝土结构、机械部件和设备、电气设备和要求仪器仪表、控制设备和电缆）以及监控其潜在退化的措施；
(b) 将结构、系统和部件暴露的环境条件保持在规定的服务条件内的方法（例如通风位置、热结构、系统和部件的绝缘、辐射屏蔽、振动阻尼、避免水淹工况、电缆线路的选择）；
(c) 在发现老化效应可能影响结构、系统和部件在反应堆整个寿命期间履行其安全功能能力的情况下，对材料进行适当的监控和取样计划。

研究堆的制造和建造中老化管理考虑

4.19. 研究堆的营运组织应当确保：

(a) 向结构、系统和部件制造商提供影响老化管理因素的相关信息，包括服务条件。营运组织应当对制造商的管理系统进行监查，以确保这些信息在结构、系统和部件的制造和建造中得到适当考虑；
(b) 在结构、系统和部件的制造和建造中，考虑了关于相关退化机制以及可能缓解措施的当前知识；
(c) 收集并记录参考（基准）数据，包括制造和视察记录，以及装运和存储条件记录；
(d) 根据设计规范，提供并安装用于特定老化监控计划的监视样品；
(e) 环境条件适合于最大限度地减少结构、系统和部件在存储、安装或未投入利用时的退化（包括定期通电、功能运行或润滑，以防止存储时的退化，如有必要）。如果建造工期延迟，营运组织应当确定并记录可能影响结构、系统和部件实物状况及其长期老化行为的环境条件。

研究堆的调试中老化管理考虑

4.20. 营运组织应当建立一个系统的计划，用于测量和记录与安全重要结构、系统和部件老化管理相关的基准数据。这包括绘制研究堆内每个关键位置的实际环境条件图，以确保它们符合设计规范。

4.21. 应当特别注意根据温度和剂量率识别热点，测量振动水平，以及隔热或电气隔离的表征。所有可能影响退化机制的参数都应当在调试期间确定，并应当在研究堆的整个寿命期间进行跟踪。应当建立这些参数的验收标准。SSG-80[2]提供了进一步的建议。

4.22. 营运组织应当确保在研究堆调试期间进行的试验不会使结构、系统和部件受到设计中未考虑的应力或可能导致过早老化的应力。营运组织应当适当记录试验，并在调试期间记录试验结果，以便对可能因试验不当而导致的任何后续过早老化情况进行调查。

研究堆的运行中老化管理考虑

4.23. 在执行研究堆老化管理计划时，应当考虑到下列问题：

(a) 营运组织管理层对老化管理计划的支持；

(b) 及早实施老化管理计划；

(c) 在充分了解结构、系统和部件老化的基础上采取积极能动的方法，而不是对结构、系统和部件故障采取非能动的方法；

(d) 结构、系统和部件的优化运行以缓解退化机制的速度；

(e) 根据运行限值和条件、设计要求和制造商的建议，并遵循批准的运行程序，正确实施维护和试验活动；

(f) 通过提高工作人员的积极性、主人翁精神和意识以及对老化管理基本概念的理解，尽量减少可能导致过早退化的人的绩效因素；

(g) 提供和利用正确的运行程序、工具和材料，并为特定任务配备足够数量的鉴定工作人员；

(h) 适当存储易老化的备件和消耗品，以尽量减少存储过程中的退化，并适当控制其保质期；

(i) 具备处理复杂老化问题的必要能力；

(j) 有效的内部和外部沟通；
(k) 运行经验反馈（电厂一般和特定运行经验，包括非核电厂的运行经验），以从相关老化相关事件中学习（见 SSR-3[1]要求 88）；
(l) 在可能的情况下，在连续定期试验之间跟踪结构、系统和部件可能的退化趋势；
(m) 利用关于结构、系统和部件可靠性和维护历史的数据库；
(n) 利用适当和经鉴定的无损试验和老化监控方法，及早发现可能因密集利用设备而产生的缺陷。

4.24. 营运组织应当识别并解决老化管理计划的下列共同弱点：

(a) 在设计和建造研究堆时，对老化的认识和可预测性不足；
(b) 研究堆中结构、系统和部件的过早老化（即比预期更早发生的老化效应），这是由于不符合管理系统、不可预见的老化现象或结构、系统和部件的运行超出其设计规范或在比正常环境条件更恶劣的服务条件下造成的。

4.25. 营运组织应当识别运行工况（如放射性水平、流量分布、冷却剂速度、振动）的可能变化，并提出正当性，这些变化可能导致某些结构、系统和部件加速或过早老化和故障，如果出现以下情况：

(a) 提高反应堆功率（因功率提高而产生重大老化影响的示例包括反应堆容器和堆芯部件的辐射退化、流动加速腐蚀和一回路系统管道振动）；
(b) 安装新的实验设备或修订利用计划；
(c) 实施改造，包括安全分析的变更；
(d) 结构、系统和部件的更换。

4.26. 如果发现新的退化机制（例如，通过运行经验或研究的反馈），营运组织应当对老化管理计划进行适当的评审，以确定对类似服务条件下安全重要结构、系统和部件的影响（如有）。然后，营运组织应当实施适当的老化管理措施。

4.27. 对于安全重要结构、系统和部件，营运组织应当考虑准备应急维护计划，以处理由潜在退化机制引起的这些结构、系统和部件的潜在老化效应或故障。

研究堆的利用和改造中老化管理考虑

4.28. 研究堆经常被改造以加入新的实验设备或提高正常运行的效率。此外，由于结构、系统和部件老化或陈旧，试验和维护的频率也可能需要改变。营运组织应当考虑这些因素对维护计划和老化管理计划的影响。应当考虑反应堆的改造，包括临时改造，以防止老化现象可能加速或出现以前没有考虑到的现象。

4.29. 营运组织应当确保为位于不通风高温区域的实验设备和反应堆结构（如热柱和混凝土屏蔽）以及电源、仪器仪表和控制电缆提供适当的冷却。

4.30. 在制定老化管理计划时，营运组织应当确保特别考虑到以下几点：

(a) 在导致材料蠕变和疲劳的高温度梯度、高温和/或高压下运行的实验设备；
(b) 光束端口和光束管；
(c) 由于辐射引起的脆化或由于水流引起的振动，实验设备的机械性能退化；
(d) 含有可导致铝合金腐蚀的材料（如铜、汞）的胶囊受到辐射。

4.31. 由于反应堆利用计划的修改或变化（例如，由于安装了新的实验设备或改变了现有的实验），研究堆的文件可能会陈旧。更新运行程序、图纸和其他技术文件应当纳入老化管理计划。

研究堆的长期关闭中老化管理考虑

4.32. SSR-3[1]第 7.123 段指出：“营运必须在长期关闭期间采取适当措施，确保材料和部件不会严重退化。”为满足这一要求，应当实施以下措施：

(a) 酌情将燃料元件从反应堆堆芯卸载到贮存架上；
(b) 移除组件，以便在适当的受控环境中堆放或安全贮存；
(c) 将水化学保持在规范范围内，并保持适当的环境条件（如湿度、温度），以防止加速老化（如腐蚀）。

4.33. 关于研究堆长期关闭安全考虑的更多信息见参考文献[19]。在正常运行期间，结构、系统和部件的运行限值和条件中未包括的额外视察应当利用长期关闭时间（例如，因为堆芯无法卸载或铍反射层无法拆卸）。这些额外视察包括：

(a) 反应堆容器或堆芯支撑结构的视察；

(b) 视察堆芯结构内部构件，包括连接螺栓；

(c) 堆芯内部构件的尺寸控制和对准以及反应性控制机制；

(d) 视察波纹管、过滤器、阀门和其他安全重要结构、系统和部件管道；

(e) 视察光束端口。

4.34. 营运组织应当评审并在必要时修订老化管理计划，以确保考虑到影响老化的相关因素，适用于长期关闭期间停止利用、处于闲置状态或处于安全存储状态的结构、系统和部件。应当特别考虑视察结构（包括生物屏蔽）和机械及电气结构、系统和部件的退化。文档和软件也应当被评定是否陈旧。

研究堆的退役计划中老化管理考虑

4.35. 营运组织应当做出适当安排，以确保退役所需的设备和结构、系统和部件（如密封手段、辐射监控、长期冷却、起重设备、工况监控设备）保持可用和功能。在退役计划过程中，应当评审老化管理计划，以确定在研究堆关闭后仍将有效的计划内容。

5. 研究堆老化管理计划

5.1. 关于研究堆的设计，SSR-3[1]第 6.113 段指出：

> “必须制定一项老化管理计划，包括对材料进行视察和定期试验，该计划取得的结果必须用于在适当的时间间隔内评审设计的充分性。

5.2. 关于研究堆的运行，SSR-3[1]要求 86 规定：

> **“研究堆设施的营运组织必须确保实施有效的老化管理计划，以管理安全重要物项的老化，从而在研究堆的整个运行寿命期间履行结构、系统和部件所需的安全功能。”**

5.3. 研究堆老化管理计划应当旨在确定和实施有效和适当的老化管理行动和实践，以预防、及时检测和缓解老化对结构、系统和部件的影响。应当采用系统的老化管理计划，包括以下要素：

(a) 为老化管理计划筛选结构、系统和部件；

(b) 确定和了解退化机制；

(c) 最大限度地减少老化影响；

(d) 检测、监控和识别老化影响的趋势；

(e) 缓解老化影响；

(f) 验收标准；

(g) 纠正措施；

(h) 评审和改进老化管理计划；

(i) 记录保存。

研究堆老化管理计划结构、系统和部件的筛选

5.4. 研究堆有大量不同种类的结构、系统和部件，其中一些安全更重要。这些结构、系统和部件易受退化机制影响的程度也有相当大的差异。评定和量化老化对每个结构、系统和部件的影响程度既不可行，也没有必要。因此，应当采用系统方法，将资源集中用于那些易受退化机制影响且其故障可能对研究堆的安全运行产生负面影响的结构、系统和部件，包括实验设备。

5.5. 在为老化管理计划筛选结构、系统和部件时，应当采用以下基于安全的方法：

(a) 1 级筛选：应当评审安全重要现有结构、系统和部件清单的完整性，该清单应当在设计阶段制定（见附件 II）。如果没有这样的列表，应当进行 1 级筛选，根据故障是否会（直接或间接）导致安全功能的丧失或损害，确定安全重要结构、系统和部件；

(b) 2 级筛选：对于被确定为安全重要每个结构、系统和部件，应当确定安全重要特定结构元素 [6] 和部件（即其故障可能（直接或间接）导致安全功能丧失或缺陷的部件）；

(c) 3 级筛选：从安全重要结构元件和部件清单中，应当确定那些退化机制有可能导致部件故障的部件，并应当为排除在外的任何部件提供正当性。

[6] 结构元件包括简单结构元件和复杂结构元件。术语“结构元件”仅用于此筛选过程，在随后的段落中，结构元件再次被称为“结构”。

图 1 给出了该筛选过程的概要。

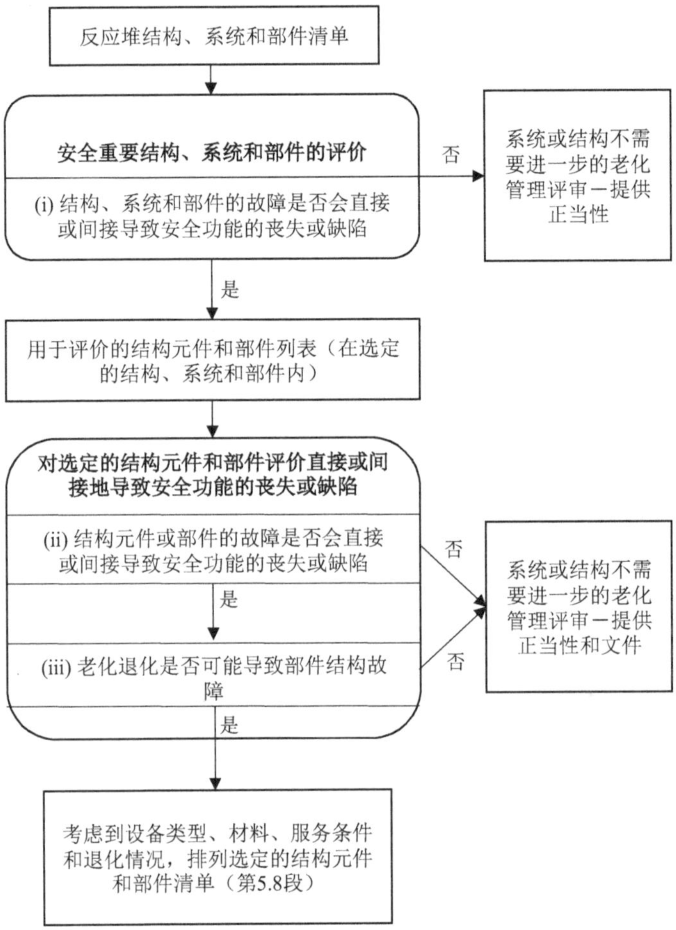

图 1. 为老化管理筛选结构、系统和部件（SSCs）的流程概述

5.6. 替代筛选方法（例如，基于概率安全评定的方法（见 SSR-3[1]要求 16 和第 6.29 段））也可能是可以接受的。所使用的特定筛选方法应当证明正当并记录在案。

5.7. 附件 II 提供了开放水池、轻水研究堆和重水慢化研究堆老化管理计划中要考虑的结构、系统和部件示例清单。特定研究堆老化管理计划不应当局限于附件 II 所列的结构、系统和部件，还应当考虑特定于单一研究堆的结构、系统和部件。

5.8. 在为老化管理计划筛选结构、系统和部件时，应当考虑到一个部件所属的所有运行状态。应当采用第 5.5 段所述的方法来确定这些结构、系统和部件。应当考虑对在可比服务条件（如压力、温度、水化学）下运行的类似部件（如阀门、泵、小直径管道）进行分组。

研究堆退化机制的识别与理解

5.9. 为了理解老化对结构、系统和部件的影响，应当识别和理解退化机制。这将有助于有效预防、监控和缓解老化的影响。

5.10. 应当评定材料和服务条件之间的相互作用以确定退化机制。这种评定应当利用分析或经验模式来评定以前的老化影响和预测未来的退化。

5.11. 应当评定现有的视察、试验、监视、监控和评定方法，并考虑到相关的运行经验和研究结果，以确定这些方法是否有效，可在结构或部件发生故障之前及时发现老化影响。

研究堆老化效应的最小化

5.12. 应当采取预防和缓解行动，尽量减少或限制老化的影响。需要在研究堆的设计阶段确定预防和缓解措施（见 SSR-3[1]第 6.114 段）。这些行动应当不断改进，同时考虑到相关的运行经验和研究成果，并应当包括以下内容：

(a) 评定当前维护和翻新方法和实践（包括定期更换零件和消耗品）的有效性，以控制结构、系统和部件的老化；
(b) 建立适当的运行工况，实施尽量缓解结构、系统和部件老化的实践；
(c) 改变设计、材料或环境条件（如适用），以尽量减少结构、系统和部件的老化。

5.13. 应当在适当的时间间隔进行定期评审，以监控老化的影响，并确定尽量减少结构、系统和部件老化的行动和实践的有效性。定期评审中获得的信息应当记录在案。如果预防措施的有效性被确定为不可接受，应当实施适当的纠正措施。

研究堆老化效应趋势的探测、监控和识别

5.14. 应当对检验结构、系统和部件的各种方法进行评定，以选择那些适合于检测已确定的退化机制的影响的方法。这些方法可包括以下内容：

(a) 视察；
(b) 监控；
(c) 性能试验；
(d) 定期试验；
(e) 无损试验，包括目视检验。

5.15. 应当利用之前检验中收集的基准数据或验收标准来评价检验结果，以评定结构、系统和部件的状况[7]，以及它们是否可以持续安全运行，或者是否需要采取补救措施或纠正措施。检验结果应当添加到基准数据中，以供后续检验利用，并应当记录任何补救措施或纠正措施。

5.16. 应当定期评价检测方法的能力和可行性，以检查其充分性（包括它们是否足够灵敏、可靠和准确）。

5.17. 用于老化管理的结构、系统和部件检验频率应当符合设计人员、制造商和/或供应商的建议。可以根据结构、系统和部件故障的可能性和经验（包括来自类似设施的经验）来调整频率。对检验频率的任何拟议修订都应当是正当的。

5.18. 视察活动应当包括以下内容：

(a) 观察结构、系统和部件的状况（如泄漏、噪音、振动），这通常是在研究堆定期巡视时进行的；
(b) 化学[8]或放射化学分析用水冷却剂取样。

5.19. 老化效应可以通过可测量的运行参数（例如控制棒插入时间、水化学参数、温度、流速、压力）的变化来检测。应当定期监控可用于预测老化影

---

[7] 结构、系统和部件的工况评定是一项旨在确定结构、系统和部件的当前性能和状况（包括评定任何与老化相关的故障或材料显著退化的迹象），并预测其预期未来性能、未来老化影响和剩余利用寿命的评定。

[8] 利用电化学技术在线监控腐蚀也适用于低温环境，如研究堆水池。

响的参数（在线或定期）。应当评定读数并确定趋势，以便及时预测老化效应的开始。

5.20. 老化效应可以通过检查结构、系统和部件的性能来检测。应当定期检验作为维护计划一部分进行的性能试验结果，以发现显示老化影响的趋势证据。

表 1. 无损试验方法及相关技术

方法	缺陷类型	技术
目视检验	表面划痕、磨损、裂纹、腐蚀或侵蚀	电视摄像机、水下望远镜、双筒望远镜和镜子
表面检验	表面或近表面缺陷或不连续性	液态渗透剂和磁性粒子
容积检验	表面破裂或次表面缺陷的深度或大小	射线照相、超声波和涡流技术

5.21. 应当评定为核实是否符合运行限值和条件而进行定期试验的结果，以便在异常工况对结构、系统和部件老化产生安全可能很重要的重大后果之前发现和纠正异常工况。

5.22. 无损试验方法也应用于检测结构、系统和部件的老化。表 1 列出了各种无损试验方法及其能力，以及相关技术。相关可用于检测研究堆中结构、系统和部件老化的无损试验方法和技术的更多信息，见参考文献[20]。无损试验方法、程序和人员可能需经监管机构批准。

研究堆老化效应的缓解

5.23. 一旦检测到或预测到老化影响，就应当评定缓解老化影响的方法，并采取缓解行动。应当评定缓解老化对结构、系统和部件影响的现有方法和实践的有效性，并考虑相关的运行经验和研究结果。待评价的方法和实践应当包括维护、翻新和定期更换部件，结构、系统和部件的改造，以及可能影响老化退化速度的运行工况和实践的改变。

5.24. 虽然预防和缓解行动在概念上是不同的，但一些预防行动（如将水化学参数保持在规范范围内）也是缓解行动。

研究堆老化管理的验收标准

5.25. 应当建立适当的验收标准，用于视察和监控对结构、系统和部件的老化影响，并应当基于安全重要物项的设计基准（见 SSR-3[1]要求 17）或结构或部件的技术要求，以及相关的监管要求、规范和标准，以便在结构或部件丧失预期功能之前实施纠正措施。在这些验收标准中应当考虑到需要有足够的裕度。

研究堆老化管理的纠正措施

5.26. 研究堆的营运组织应当确保在识别老化影响时采取纠正行动，例如更换或翻新受影响的结构、系统和部件。纠正措施应当与老化效应的安全重要性相称，其实施应当确保结构、系统和部件符合持续安全运行的验收标准。

研究堆老化管理计划的评审和改进

5.27. 反应堆管理层应当制定条款，评审老化管理计划的有效性，并在必要时实施改进。应当定期评审和更新老化评价和工况评定，并应当定期评定单一结构、系统和部件老化管理活动的有效性，以考虑当前的知识和绩效指标，并应当酌情进行调整。应当从结构、系统和部件的运行经验、监控和维护记录、其他类似设施的经验教训以及研究结果中获取信息。通过对发生在另一个研究堆事故的分析，可以确定新的退化机制或意外的退化位置。

5.28. 反应堆管理层应当确保以适当的频率对结构、系统和部件的性能进行评审，表明老化管理计划在监控老化趋势和确定任何弱点和改进机会方面的有效性。应当评价、分析绩效评审的结果，并酌情用于确定纠正行动和更新老化管理计划。

5.29. 老化管理计划的评审结果和结构、系统和部件的评定结果，包括视察结果和建议的更新，应当提交给安全委员会（或其他主管当局）进行评审，并在需要时提交给监管机构进行评审和评定。

5.30. 营运组织应当考虑安排对老化管理计划进行同行评审，以获得独立评定，从而确定老化管理计划是否符合公认的实践，并确定需要改进的领域（另见本“安全导则”第 7.6 段和第 7.7 段）。

研究堆老化管理记录保存

5.31. 要求营运组织建立数据收集和记录保存系统（见 SSR-3[1]要求 82），该系统应当在安全分析报告中描述（见 SSR-3[1]要求 1）。该系统应当包括下列老化管理活动的信息：

(a) 识别和评定老化效应导致的结构、系统和部件退化、故障和失灵；
(b) 预测结构、系统和部件的未来性能，这是研究堆持续安全可靠运行所必需的；
(c) 关于预防性维护行动的类型和时间安排的决定，包括校准、维修、改造、翻新和更换，以及关于修订老化管理计划的决定；
(d) 优化服务条件和实践，缓解结构、系统和部件的退化；
(e) 在新出现的老化效应危及结构、系统和部件的安全性、可靠性和利用寿命或研究堆的运行寿命之前识别它们。

5.32. 相关老化管理的资料可分为以下三类：

(a) 基准信息，包括关于反应堆和/或结构、系统和部件的设计以及结构、系统和部件利用寿命开始时条件的数据；
(b) 反应堆运行记录，涵盖结构、系统和部件的服务条件，包括瞬态数据，以及关于结构、系统和部件的可用性、试验和故障的数据；
(c) 维护记录，包括结构、系统和部件状况的信息。

应当按照运行限值和条件中的规定保留所有记录。

6. 研究堆陈旧的管理

6.1. 当结构、系统和部件与当前的技术、知识、标准或法规相比陈旧时，或者当文件过时时，就会发生陈旧（非实物老化）。SSR-3[1]第 6.114 段指出：“研究堆设施的老化管理应当包括陈旧结构、系统和部件的管理”。SSG-37（Rev.1）[8]提供了管理仪器仪表和控制系统（包括软件）陈旧的建议。

6.2. 安全重要结构、系统和部件的陈旧应当在其整个利用寿命期间进行能动管理（即具有远见和预期）。应当确定结构、系统和部件的陈旧情况，并在研究堆的安全性、可靠性或可用性出现任何下降之前采取纠正措施。

6.3. 营运组织应当在研究堆的整个寿命期间建立管理陈旧的活动。这些活动应当由安全委员会（或其他主管当局）评审，并应当提交给监管机构进行评审和评定，如果国家法规要求的话。可能导致陈旧并因此影响反应堆安全的条件包括：

(a) 技术的变化，包括软件和硬件；
(b) 法规、守则或标准的变化；
(c) 文件变得过时（例如，如果在结构、系统和部件改造或利用计划变更后没有正确更新）。

表 2 总结了这些条件及其影响，并建议了管理陈旧应当考虑的措施。

6.4. 反应堆管理层应当确保关注技术陈旧的管理（通常发生在电气和仪器仪表系统以及辐射监控系统等系统中）。

6.5. 陈旧管理应当包括评审和更新反应堆文件（如安全分析报告、运行限值和条件、应急计划、辐射防护计划、运行程序）。当法规或标准发生变化时，研究堆的文件应当更新，以防止其陈旧。

表 2. 陈旧类型、相关老化影响及建议的老化管理行动

条件	老化效应	老化管理行动
技术变革（安全系统）	新旧设备不兼容	确保系统地确定利用寿命和预计陈旧情况，根据安全重要性确定设备的优先次序
	无供应商	为将来更换陈旧的结构、系统和部件准备一个改造物项
	备件短缺或缺乏	为计划的利用寿命提供备件或确定替代供应商
标准或法规的变化，知识的进步	实践、标准或法规的陈旧	确保符合现行标准和法规必要时考虑结构、系统和部件改造的安全重要性
	知识与现行标准或法规的偏差	参与行业论坛，交流陈旧管理方面的信息
文档已过期	缺乏安全运行所需的信息	建立有效的管理系统，包括配置管理和文件更新

7. 研究堆老化管理与其他计划和技术领域之间接口

7.1. SSR-3[1]第 7.120 段指出（脚注略）：“老化管理计划必须与其他相关计划协调一致，包括在役检查、定期安全评审和维护计划。”

7.2. 以下计划和技术领域与研究堆老化管理计划相互联系或密切相关：

(a) 维护、定期试验和视察；
(b) 定期安全评审；
(c) 设备鉴定；
(d) 重建结构、系统和部件的设计基准；
(e) 配置管理；
(f) 时效老化分析；
(g) 持续安全运行；
(h) 役后监视和试验；
(i) 运行限值和条件；
(j) 安全和核安保之间接口。

研究堆老化管理与维护、定期试验和视察之间接口

7.3. 维护、定期试验和视察计划的目的是确保结构、系统和部件的功能符合设计要求和意图，并符合安全分析报告和运行限值和条件。这些计划中的活动与应当在老化管理计划中确定的活动密切相关，例如：

(a) 预防性维护，包括定期视察、试验、维护、维修和更换活动，以检测和防止早期故障，并确保结构、系统和部件持续执行其预期功能的能力；
(b) 纠正性维护，包括维修和更换损坏或磨损的结构、系统和部件；
(c) 定期试验，以确保符合运行限值和条件；
(d) 视察，包括检验结构、系统和部件的老化效应，以确定它们是否可以持续安全运行，或者是否应当采取纠正措施。视察也指评定老化影响的非常规检验。

7.4. SSG-81[3]提供了关于维护、定期试验和视察之间的相互关系及其与研究堆老化管理关系的进一步建议。

7.5. 应当根据老化管理计划的调查结果对维护计划进行评价，并在必要时加以更新。维护频率、试验方法和程序以及维护方法和程序可能需要随着时间的推移而调整，因为不适当的维护加上服务条件，以及不适当的维护可能会加速结构、系统和部件的老化。

研究堆老化管理与定期安全评审接口

7.6. SSR-3[1]第 4.25 段指出：

> "在研究堆的整个运行寿命期间，必须根据监管要求对其进行系统的定期安全评审，同时考虑到运行经验、老化的累积影响、适用的安全标准和所有相关来源的安全信息。"

在定期安全评审中，营运组织应当评定老化管理计划的有效性和改进的必要性。这一评定的目标应当包括以下内容：

(a) 确定安全重要研究堆或单一结构、系统和部件是否可以在特定的未来时期（例如，当前安全评审与下一次安全评审之间的时期）安全运行；
(b) 为改善维护、监视和视察的范围、频率和程序、更新安全分析，以及修改服务条件或设计（包括可能改变结构、系统和部件的设计基准）提供意见。

7.7. 在执行定期安全评审、自评定或营运组织监查或同行评审时，参考文献[19]提供的信息应当予以考虑。参考文献[19]涵盖了研究堆安全评审的准备、执行、报告和跟进，包括当研究堆老化可能是一个问题时的长期安全评审。

研究堆老化管理与设备鉴定接口

7.8. SSR-3[1]要求 29 规定：

> **"研究堆设施必须实施鉴定计划，以核实安全重要物项在其整个设计寿命期间，在必要时和在普遍环境条件下能够发挥其预定功能，并适当考虑到维护和试验期间的反应堆工况。"**

该计划还应当包括应当通过鉴定的设备清单（另见 SSR-3[1]附件 I）、鉴定过程（即试验、分析、利用运行经验或两者兼而有之）和鉴定频率。

7.9. 鉴定计划要求包括设备鉴定的环境条件（见 SSR-3[1]第 6.82 段）。环境条件包括温度、压力、湿度、与化学品的接触、辐射照射、气象条件、水淹以及可能影响设备正常运行的退化机制。应当对实际环境条件进行监控，以获得必要的额外信息，从而评定设备在实际运行环境中的老化影响。

7.10. 设备鉴定应当确定设备的鉴定寿命 [9]，其中考虑到老化影响和环境条件。设备的鉴定寿命应当在其寿命期间重新评定，同时考虑到对退化机制的新知识和理解以及设备的实际运行环境。如果要延长鉴定寿命，营运组织应当提供全面的安全演示。

7.11. 设备鉴定的状态应当适当记录，并在研究堆的整个寿命期间得到维护。设备鉴定通常是设备鉴定计划的一部分，相关设备鉴定的文件应当包括以下内容：

(a) 所有鉴定设备的清单；
(b) 研究堆内温度、湿度和放射性水平等环境条件的监控结果；
(c) 设备鉴定评价报告；
(d) 设备鉴定相关的试验报告；
(e) 设备鉴定相关的时效老化分析报告，或适当的等效分析报告。

7.12. 研究堆的营运组织应当定期评审设备鉴定计划，包括评定计划的有效性。评审应当考虑设备利用期间老化对设备的影响，以及自实施设备鉴定计划以来环境条件（正常运行期间和假想事故工况下）可能变化的影响。

7.13. 原子能机构《安全标准丛书》第 SSG-69 号《核装置设备鉴定》[21]提供了与设备鉴定相关的实践、过程和方法的建议。原子能机构《安全标准丛书》第 SSG-67 号《核装置抗震设计》[22]给出了抗震设计设备鉴定的特定建议。SSG-37（Rev.1）[8]提供了关于研究堆仪器仪表和控制系统设备鉴定的建议。

---

[9] 鉴定寿命是指通过试验、分析或经核实明结构、系统和部件能够在特定运行工况下在验收标准范围内运行，同时在设计基准事故或设计基准地震的事故工况下保持其安全功能能力的时期[11]。

研究堆结构、系统和部件设计基准的老化管理和重建之间接口

7.14. 结构、系统和部件的设计基准是确定要执行的特定功能和控制设计参数以及这些参数的特定值或值范围的信息。如果设计基准没有完全提供给营运组织，或者没有充分记录，则应当重新构建设计基准。当安装了具有重大安全意义的新实验时，或者当结构、系统和部件已经被显著改造和/或可能变得易受退化机制影响时，这一点尤其重要。应当利用老化管理计划来证明，不考虑老化影响，安全重要结构、系统和部件的设计基准仍然有效。

研究堆老化管理与结构管理接口

7.15. 配置管理是识别和记录研究堆结构、系统和部件（包括计算机系统和软件）特征的过程，并确保对这些特征的更改得到适当开发、评定、批准、发布、实施、核实、记录并纳入设施文件。营运组织应当在其管理系统内（见第 2 部分）建立一个配置管理程序，旨在确保适当评定、记录和纳入研究堆文件中因老化而导致的结构、系统和部件特征变化。

研究堆的时效分析

7.16. 时效老化分析（也称为利用时效假设的安全分析）应当证明所分析的老化影响不会对结构或部件在假想运行期间发挥其预期功能的能力产生不利影响。

7.17. 时效分析涉及两类参数。第一个参数是分析中使用的时间相关变量。该参数的示例是中子通量、运行时间或结构或部件经历的热循环次数。第二个参数是与第一个参数相关的时效效应，可以分别是铸造奥氏体不锈钢的中子脆化、热脆化或累积疲劳利用率。应当评定这两个参数，并与既定的验收标准进行比较，以确定结构或部件继续利用的可接受性。

7.18. 时效老化分析应当符合以下标准：

(a) 时效老化分析应当涉及老化管理计划范围内的所有结构、系统和部件（见第 5.4－5.8 段）；

(b) 时效老化分析应当考虑老化影响。这些影响包括材料丧失、尺寸变化、材料性能变化、韧性丧失、混凝土结构预应力丧失、沉降、开裂和绝缘性能丧失；

(c) 时效老化分析应当涉及由分析中指定的运行期间界定的时效假设。简单地声称一个部件是为特定的利用寿命或设施寿命而设计的是不够的。任何这样的声称都应当得到明确包括时效限值或基于时间假设的计算或其他分析的支持；

(d) 时效老化分析应当由营运组织确定，以便根据监管要求做出安全决定[10]；

(e) 时效老化分析应当得出与结构、系统和部件履行其预计功能能力相关的结论（或为结论提供依据）；

(f) 时效老化分析应当在现行许可证发布基准中参考。许可证基准包括许可证基准中包含或通过引用并入的技术规范和文件。此类文件的示例包括安全分析报告、安全分析报告中引用的规范和标准所需的结构、系统和部件支持报告和计算、火灾危害分析或消防计划、管理系统文件以及监管机构发布的相关信函和报告。

符合上文 (a) － (e) 项标准的安全分析，以及为证明预计运行期的准备情况而制定的安全分析，也应当被视为时效老化分析。

7.19. 时效老化分析应当利用时间相关参数的预测值进行评定，例如通过计算某一运行周期的中子注量。然后，该预测值应用于评定分析参数，如调整后的无延展性温度或断裂韧性。

7.20. 应当通过证明下列标准之一来评定在预计运行期老化时效分析的有效性：

(a) 该分析在预计运行期仍然有效。预计运行周期的时间相关参数值不应当超过现有分析中利用的时间相关参数值；

---

[10] 关联性是指营运组织在评审现有信息的基础上做出决定。如果计算或分析能够证明对作为分析结果而采取的行动有直接影响，则该计算或分析是相关的。如果分析为设施的安全确定提供了基础，则分析也是相关的，在没有分析的情况下，营运组织可能会得出不同的安全结论或采取不同的安全措施。

(b) 分析预计将持续到预计运行期结束。分析参数的值应当根据预计运行期预测的时间相关参数进行更改，并且分析参数的值应当继续符合验收标准；

(c) 老化对结构或部件预期功能的影响将在预计运行期内得到充分管理。应当设定分析参数值（作为老化管理计划的一部分），以确保老化影响得到充分管理，并确保分析参数值在整个预计运行期内继续符合验收标准。

7.21. 如果不能利用第 7.20 段中列出的任何标准证明时效老化分析的有效性，则应当实施纠正措施。视特定分析而定，这些纠正措施可包括以下内容：

(a) 细化分析，消除过度保守；
(b) 在运行、维护或老化管理计划中实施进一步行动；
(c) 结构或部件的改造、维修或更换。

7.22. 时效老化分析的评价结果应当作为评审老化管理计划的投入。

研究堆老化管理与持续安全运行接口

7.23. 通过适当实施老化管理计划，研究堆的寿命可以延长。研究堆的寿命通常由反应堆的持续可用性及其运行成本决定。为了评定研究堆的持续安全运行，应当分析老化管理计划的数据，并采取下列行动：

(a) 应当对反应堆进行安全评审，包括视察，以确定结构、系统和部件的实际状态；
(b) 应当通过建立结构、系统和部件的综合清单，对潜在的翻新需求进行概述；
(c) 应当选择安全重要结构、系统和部件，并确定相关的退化机制，以便进行初始评定；
(d) 应当确定改造计划的技术和经济可行性。

7.24. 在开始大规模改造物项之前，应当准备一份策略计划（或其他同等研究）。除了商业和利用问题，该计划还应当考虑安全问题，如遵守监管要求，以及不属于改造物项的结构、系统和部件和实验设备的技术状况。

研究堆老化管理与役后监控和试验接口

7.25. 在研究堆最终关闭后和退役前，应当实施役后监控和试验计划，以检测和评定持续老化的影响。只要安全重要结构、系统和部件仍在运行，退役尚未完成，该计划就应当继续下去。

研究堆老化管理与运行限值和条件之间接口

7.26. 研究堆的运行限值和条件规定了几个服务条件，包括结构、系统和部件运行负载的限值或直接影响结构、系统和部件老化的环境条件，如水化学参数。老化管理计划应当考虑老化退化对既定运行限值和条件的影响，以及任何违反此类条件的行为的影响。SSG-83[5]提供了关于建立运行限值和条件（包括与老化相关的限值和条件）以及建立研究堆运行程序的建议。

研究堆老化管理与安全和核安保之间接口

7.27. 老化管理计划应当考虑到安全与核安保安排（包括实物和计算机安保安排）之间的任何接口，如用于安保和老化管理目的的设备公共电源、与老化管理相关的活动的准入限制，以及可能阻挡安保监视设备视线的材料移动。

参 考 文 献

[1] 国际原子能机构《研究堆的安全》，国际原子能机构《安全标准丛书》第 SSR-3 号，国际原子能机构，维也纳（2016 年）。

[2] 国际原子能机构《研究堆的调试》，国际原子能机构《安全标准丛书》第 SSG-80 号，国际原子能机构，维也纳（2023 年）。

[3] 国际原子能机构《研究堆的维护、定期试验和视察》，国际原子能机构《安全标准丛书》第 SSG-81 号，国际原子能机构，维也纳（2023 年）。

[4] 国际原子能机构《研究堆堆芯管理和燃料装卸》，国际原子能机构《安全标准丛书》第 SSG-82 号，国际原子能机构，维也纳（2023 年）。

[5] 国际原子能机构《研究堆运行限值和条件及运行程序》，国际原子能机构《安全标准丛书》第 SSG-83 号，国际原子能机构，维也纳（2023 年）。

[6] 国际原子能机构《研究堆的营运组织和人员招聘、培训与授权》，国际原子能机构《安全标准丛书》第 SSG-84 号，国际原子能机构，维也纳（2023 年）。

[7] 国际原子能机构《研究堆设计与运行中的辐射防护与放射性废物管理》，国际原子能机构《安全标准丛书》第 SSG-85 号，国际原子能机构，维也纳（2023 年）。

[8] 国际原子能机构《研究堆安全重要仪器仪表和控制系统与软件》，国际原子能机构《安全标准丛书》第 SSG-37（Rev.1）号，国际原子能机构，维也纳（2023 年）。

[9] 国际原子能机构《研究堆安全评定和安全分析报告的编写》，国际原子能机构《安全标准丛书》第 SSG-20（Rev.1）号，国际原子能机构，维也纳（2022 年）。

[10] 国际原子能机构《研究堆的利用和改造安全》，国际原子能机构《安全标准丛书》第 SSG-24（Rev.1）号，国际原子能机构，维也纳（2022 年）。

[11] 国际原子能机构《核安全与安保术语：用于核安全、核安保、辐射防护、应急准备与响应》（2022 年暂定版），国际原子能机构，维也纳（2022 年）

[12] 国际原子能机构《核电厂的老化管理和长期运行计划的制定》，国际原子能机构《安全标准丛书》第 SSG-48 号，国际原子能机构，维也纳（2018 年）。

[13] 国际原子能机构《分级方法在适用研究堆安全要求中的使用》，国际原子能机构《安全标准丛书》第 SSG-22（Rev.1）号，国际原子能机构，维也纳（2023 年）。

[14] 国际原子能机构《安全的领导和管理》，国际原子能机构《安全标准丛书》第 GSR Part 2 号，国际原子能机构，维也纳（2016 年）。

[15] 国际原子能机构《核装置管理系统》，国际原子能机构《安全标准丛书》第 GS-G-3.5 号，国际原子能机构，维也纳（2009 年）。

[16] 国际原子能机构《研究堆的营运组织管理系统的实施》，《安全报告丛书》第 75 号，国际原子能机构，维也纳（2013 年）。

[17] 欧洲原子能联营、联合国粮食及农业组织、国际原子能机构、国际劳工组织、国际海事组织、经济合作与发展组织核能机构、泛美卫生组织、联合国环境规划署、世界卫生组织，《基本安全原则》，国际原子能机构《安全标准丛书》第 SF-1 号，国际原子能机构，维也纳（2006 年）。

[18] 国际原子能机构《研究堆的老化管理》，国际原子能机构《技术文件》第 792 号，国际原子能机构，维也纳（1995 年）。

[19] 国际原子能机构《研究堆事故管理计划的评审导则》，国际原子能机构《服务丛书》第 25 号，国际原子能机构，维也纳（2013 年）。

[20] 国际原子能机构《反应堆研究中无损检测和在役检查的应用》，国际原子能机构《技术文件》第 1263 号，国际原子能机构，维也纳（2001 年）。

[21] 国际原子能机构《核装置设备鉴定》，国际原子能机构《安全标准丛书》第 SSG-69 号，国际原子能机构，维也纳（2021 年）。

[22] 国际原子能机构《核装置抗震设计》，国际原子能机构《安全标准丛书》第 SSG-67 号，国际原子能机构，维也纳（2021 年）。

附件 I

不同服务条件下老化的影响

I.1. 结构、系统或部件（SSC）老化的基本原因是服务条件，服务条件支持特定退化机制的启动和开发，除非老化得到适当管理，否则会导致结构、系统和部件安全功能能力的丧失。服务条件可分为与正常运行相关的工况、与预计运行事件相关的工况以及环境条件。

I.2. 表 I-1、表 I-2 和表 I-3 分别总结了与正常运行相关的选定服务条件、与预计运行事件相关的选定服务条件以及选定环境条件造成老化的退化机制和可能影响。

表 I-1. 与正常运行相关的特定服务条件引起的老化的退化机制和可能的影响

条件	退化机制	可能的影响或后果
辐射	特性变化	化学分解 强度变化 韧性变化 膨胀 电阻率变化 燃耗
温度	特性变化	强度变化 电阻率变化 韧性变化
应力（压力）	蠕变	几何构型的变化（如破损、塌陷）
温度、流量和/或负载的循环	移动	位移 位置或设定点的变化 连接松动 材料损坏（裂纹）

表 I-1. 与正常运行相关的特定服务条件引起老化的退化机制和可能的影响（续）

条件	退化机制	可能的影响或后果
流致振动	疲劳	破损或塌陷 变形 材料损坏（裂纹）
	磨损	表面退化 尺寸变化
流动	侵蚀	强度变化
流体化学	腐蚀或电偶作用	放射性排放 强度降低 颗粒沉积 短路 泄漏

表 I-2. 与预计运行事件相关的特定服务条件造成老化的退化机制和可能的影响

条件	退化机制	可能的影响或后果
功率偏移	热应力和/或机械应力	破损或塌陷 变形 材料损坏（裂纹）
控制棒位置不平衡	热应力	强度降低 加速老化
功率流不匹配（燃料装载错误）	热应力	强度降低 加速老化
主泵故障	热应力和机械应力	加速老化
错误的维护或运行	机械损伤和不利的化学条件	系统腐蚀恶化 加速老化

表 I-3.　特定环境条件下老化的退化机制和可能的影响

条件	退化机制	可能的影响或后果
湿度和盐度	腐蚀	泄漏 放射性物质排放强度的降低 短路
化学药剂	化学反应	结构、系统和部件的腐蚀退化
风沙	侵蚀和沉积	机电元件表面故障的强度变化、退化

附件 II

为老化管理目的筛选研究堆结构、系统和部件的示例

II.1. 表 II-1 提供了为老化管理目的筛选池型、轻水研究堆以及重水慢化研究堆的结构、系统和部件的示例。该表列出了结构、系统和部件，并指出了它们安全的重要性和更换的便利性，以及相关的退化机制。

表 II-1. 典型的研究堆结构、系统和部件及其更换的容易程度和可能的退化机制

结构、系统或部件	安全重要？[a]	易于更换[b]	退化机制[c]
水池和反应堆内部构件（用于轻水慢化反应堆）			
水池结构和容器	Y	A/B	1、2、4、5、6
堆芯结构	Y	B	1、4、5、6、7
反射层	Y	B/C	1、4、5
控制棒和机构	Y	C	1、4、5
屏蔽	Y	C	1、5
光束管	Y	B/C	1、3、5
衬垫	Y	B/C	1、3、5
反应堆水池中的燃料组件和贮存	Y	C	1、5
反应堆内部构件（用于重水慢化反应堆）			
反应堆储罐	Y	A/B	1、2、5、6

表 II-1. 典型的研究堆结构、系统和部件及其更换的容易程度和可能的退化机制（续）

结构、系统或部件	安全重要？[a]	易于更换[b]	退化机制[c]
堆芯结构	Y	B	1、2、5
控制棒和机构	Y	C	1、4、5
燃料组件	Y	C	1、5
冷却系统			
一回路	Y	B/C	1、3、4、5、6、7
水池	Y	A/B	1、3、4、5、6
紧急情况	Y	B/C	3、4、5、6
补水	N	C	5
净化	Y	C	1、2、5
二回路	N	C	4、5、6、7
热水层	Y	C	4、5、6
重水存储	Y	B/C	5
泄露重水收集	Y	B/C	5
覆盖气体循环	Y	C	4、5
密封/包容			
结构	Y	A	2、3、4、5
生物屏障	Y	A/B	1、2、3、4、5
通风：正常	M	C	2、5、6
通风：紧急情况	Y	B/C	5、6

表 II-1.　典型的研究堆结构、系统和部件及其更换的容易程度和可能的退化机制（续）

结构、系统或部件	安全重要？[a]	易于更换[b]	退化机制[c]
贯穿	Y	C	1、2、4、5
隔离系统	Y	C	4、5
堆叠	Y	B/C	6
控制和仪器仪表			
停堆系统	Y	C	4、5
保护系统	Y	B	4、5
控制系统	Y	C	2、4、6
控制台	M	B/C	2、6
辐射监控	Y	C	5
加工系统	M	B	4、5、6
警报器	Y	C	2、4、6
仪器仪表	M	C	1、2、4、6
电缆	M	B/C	1、2、5
远程关闭和远程监控	Y	C	5
气动系统	M	C	4、5
数据采集	M	C	4、5
抗震保护	Y	C	4、5

表 II-1. 典型的研究堆结构、系统和部件及其更换的容易程度和可能的退化机制（续）

结构、系统或部件	安全重要？[a]	易于更换[b]	退化机制[c]
辅助设备			
电力系统	M	B	6
应急电源系统	Y	B/C	5、6
防火	Y	B	5
防雷	M	B/C	5
防洪	M	C	5
通讯	M	C/D	5
起重机	Y	B/C	4、5
装卸和贮存设施	Y	D	5
运输桶和燃料桶	Y	B/C	1、4、5
放射性废物的装卸、贮存和处置	Y	B/C	1、2、5、6
热室	M	B	1、5、6、8
压缩空气	M	C	4、5、6
实验室	N	C	5、6、8
重水助剂，包括复合剂	Y	C	5、6
备件	M	B/C	8
实验设备			
冷热源	Y	B/C	1、2、3、4、5、6

表 II-1. 典型的研究堆结构、系统和部件及其更换的容易程度和可能的退化机制（续）

结构、系统或部件	安全重要？[a]	易于更换[b]	退化机制[c]
屏蔽	Y	C	1、5
钻机和回路	Y	B/C	1、2、3、4、5、6
束管线	Y	C	1、3、4、5、
同位素生产设施和辐照设施	M	C	1、2、3、4、5、6
跑兔系统	M	C	1、5、6
热柱	M	C	1、2、3、5
干式辐照室	N	C	1、5
反应堆块			
反射层	Y	A/B	1、4、5
隔热罩	Y	A/B	1、2、5
生物屏障	Y	A/B	1、2、4、5
反应堆机组冷却系统	Y	B	2、5
其他因素（非结构、系统或部件）			
文件			
— 设计	M	B/C	10
— 安全分析报告	Y	B/C	9、10
— 运行限值和条件	Y	B/C	10

表 II-1. 典型的研究堆结构、系统和部件及其更换的容易程度和可能的退化机制（续）

结构、系统或部件	安全重要？[a]	易于更换[b]	退化机制[c]
运行程序	Y	B/C	10
管理系统	Y	B/C	9、10
评审和评定	Y	C	9、10
工业安全	N	B/C	8、9
许可	Y	B/C	9

[a] Y：是；N：否；M：也许，这取决于特定的反应堆设计和特点。

[b] A：很难；B：困难或昂贵；C：正常；D：轻易。

[c] 1：中子辐照引起的性质变化。

2：温度服务条件引起的性能变化。

3：应力或蠕变（由于压力和温度服务条件）。

4：运动、疲劳或磨损（由温度、流量和/或负载循环或流量引起的振动引起）。

5：腐蚀。

6：化学过程。

7：侵蚀。

8：技术变革。

9：法规修订。

10：文件陈旧。

参与起草和审订人员

D’ Arcy, A.	顾问（南非）
Du Bruyn, J.F.	南非核能公司
Hargitai, T.	顾问（匈牙利）
Kennedy, W.	国际原子能机构
McIvor, A.	国际原子能机构
Morris, C.	顾问（澳大利亚）
Rao, D.V.H.	国际原子能机构
Sears, D.F.	国际原子能机构
Shaw, P.	国际原子能机构
Shokr, A.M.	国际原子能机构
Sumanth, P.S.	印度巴巴原子研究中心

IAEA
国 际 原 子 能 机 构

No. 27

当 地 订 购

国际原子能机构的定价出版物可从我们的主要经销商或当地主要书商处购买。
未定价出版物应直接向国际原子能机构发订单。

定价出版物订单

请联系您当地的首选供应商或我们的主要经销商：

Eurospan
1 Bedford Row
London WC1R 4BU
United Kingdom

交易订单和查询：
电话：+44 (0) 1235 465576
电子信箱：trade.orders@marston.co.uk

个人订单：
电话：+44 (0) 1235 465577
电子信箱：direct.orders@marston.co.uk
网址：www.eurospanbookstore.com/iaea

欲了解更多信息：
电话：+44 (0) 207 240 0856
电子信箱：info@eurospan.co.uk
网址：www.eurospan.co.uk

定价和未定价出版物的订单均可直接发送至：

Publishing Section
International Atomic Energy Agency
Vienna International Centre
PO Box 100
1400 Vienna, Austria
电话：+43 1 2600 22529 或 22530
电子信箱：sales.publications@iaea.org
网址：https://www.iaea.org/zh/chu-ban-wu

24-01010C